动物探索
超有趣的动物百科

小蝌蚪变青蛙

温会会 编 曾平 绘

浙江摄影出版社

春天到，冬眠的青蛙们陆续醒来了。

"呱呱！"

"呱呱！"

雄蛙的口角两边有一对鸣囊，鸣叫时会像气球一样鼓起来，使叫声更加洪亮，真有趣！

4

"呱呱……"

听到雄蛙响亮的叫声，雌蛙兴奋地跳了过来。

它们高兴地待在一起，结成了一对儿。

不久，雌蛙在水中产下了数以千计的卵。

青蛙卵小小的，中间是黑色的核，外面裹着一层透明的胶质膜，摸起来滑溜溜的。

10

经过几天，蛙卵里孵出了黑色的小蝌蚪。

小蝌蚪长着大脑袋和长尾巴，用鳃呼吸，在水里自在地游泳。它们以水草和苔藓为食，渐渐地长大。

慢慢地，小蝌蚪的尾巴根部开始膨胀。

不久，它们长出了后腿。
随后，前腿也长出来了，尾
巴开始缩短。

13

终于有一天，小蝌蚪变成了蹦蹦跳跳的青蛙。

青蛙可以在陆地和水里活动，属于典型的两栖动物。

没了尾巴的青蛙用肺呼吸，也用皮肤来辅助呼吸。

青蛙蹲在荷叶上，肚子一鼓一鼓的，等待着猎物的到来。这时，一只蚊子出现了。青蛙张开嘴，飞快地伸出长长的带黏液的舌头，把蚊子吃掉了。

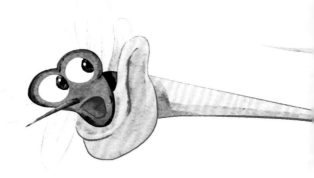

　　青蛙是田间的捕虫高手，一年能吃掉上万只害虫呢！

　　瞧，不远处游过一条蛇，青蛙们吓得赶紧躲了起来。

　　青蛙的背部是绿色的，能够隐藏在茂密的草丛里不被发现。

蛇向另一个方向游走了，消失得无影无踪。

青蛙们舒了一口气，从草丛里跳出来。危机暂时解除！

20

除了蛇，青蛙还有不少天敌。

"小心，附近有白鹭出没！"

"哎，猫头鹰也在盯着我们！"

又是一年冬天，气温下降了。青蛙是变温动物，体温会随着外界温度而变化。

"好冷啊！"青蛙们冻得瑟瑟发抖。

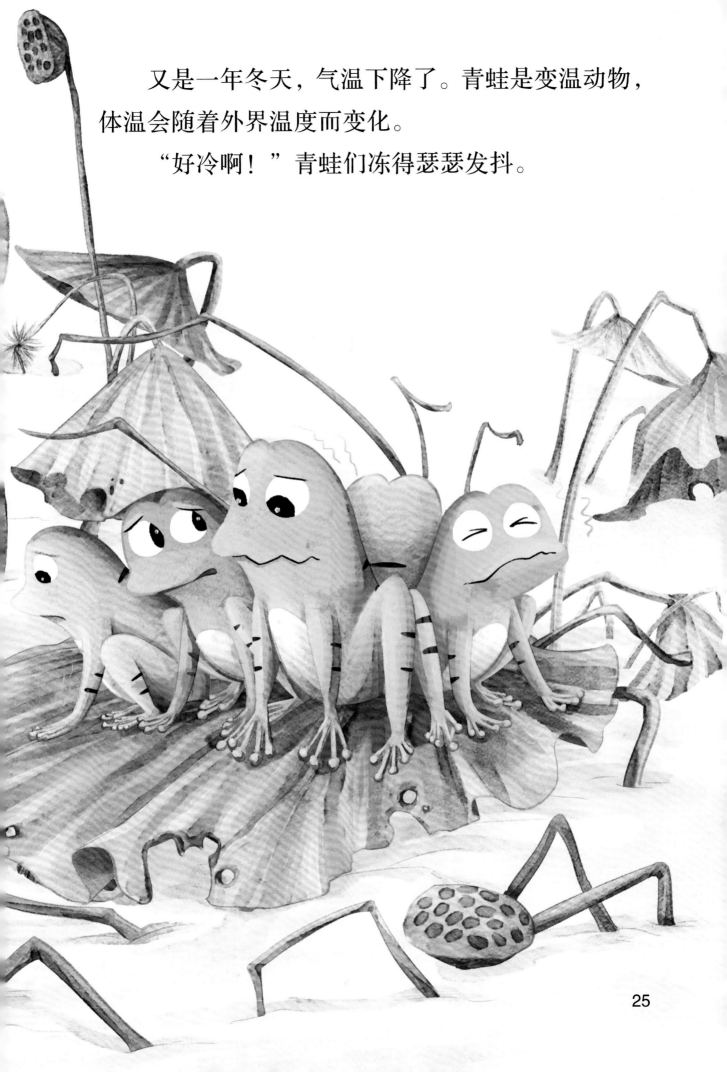

青蛙们又冷又困，不再蹦蹦跳跳。
它们饱餐一顿后，在树洞和石缝中开始
了漫长的冬眠。

可爱的青蛙，明年春天见！

责任编辑　张　宇
责任校对　朱晓波
责任印制　汪立峰

项目设计　北视国

图书在版编目（ＣＩＰ）数据

小蝌蚪变青蛙 / 温会会编；曾平绘. -- 杭州 ： 浙江摄影出版社， 2023.2
（动物探索·超有趣的动物百科）
ISBN 978-7-5514-4219-0

Ⅰ．①小… Ⅱ．①温… ②曾… Ⅲ．①黑斑蛙—儿童读物 Ⅳ．① Q959.5-49

中国版本图书馆 CIP 数据核字（2022）第 204404 号

XIAO KEDOU BIAN QINGWA

小蝌蚪变青蛙
（动物探索·超有趣的动物百科）

温会会 / 编　曾平 / 绘

全国百佳图书出版单位
浙江摄影出版社出版发行
　　地址：杭州市体育场路 347 号
　　邮编：310006
　　电话：0571-85151082
　　网址：www.photo.zjcb.com
制版：北京北视国文化传媒有限公司
印刷：唐山富达印务有限公司
开本：889mm×1194mm　1/16
印张：2
2023 年 2 月第 1 版　　2023 年 2 月第 1 次印刷
ISBN 978-7-5514-4219-0
定价：42.80 元